让孩子看懂世界的动物故事

天空地底妙想国

《让孩子看懂世界》编写组 编著

石油工业出版社

前言

万物有灵且美。那些消失在历史中的史前怪兽，那些微小却重要的小虫子，那些国家珍稀保护动物，那些作为家庭伙伴的小宠物，还有那些生活在天空中、地底下、海洋里的野生动物们，它们的生活，是那么神秘、那么有趣，构成了一个不同于人类社会的世界。

作为一起生活在地球上的伙伴，我们对它们又有多少了解呢？现在，打开这本书，让我们了解一下，这些迷人又可爱的大家伙和小家伙吧！

第1章 天空动物园

第2章　地下巡逻者

土壤里的虫虫们

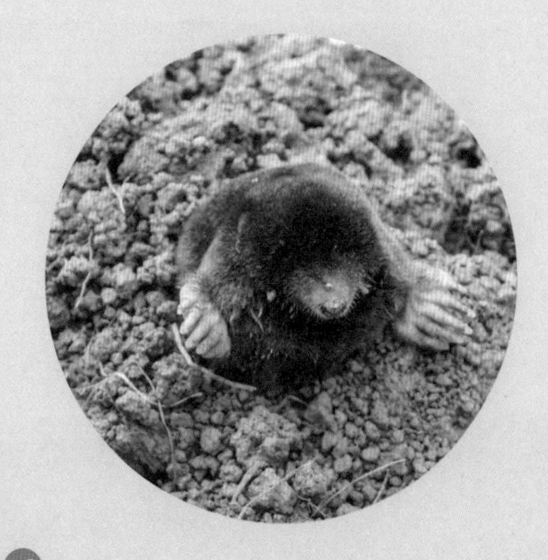

鼹鼠的故事

蛇类观察记

第1章

天空动物园

“东方宝石”朱鹮

朱鹮，被称为“东方宝石”。它曾分布于中国东部、日本、朝鲜、俄罗斯等地，后因环境恶化导致种群数量骤减。到了20世纪80年代，野生朱鹮几乎消失踪迹，所以曾一度被认为已经灭绝。

朱鹮生活的世界

朱鹮有着尖长的喙部，双颊赤红，浑身羽毛白中带红，所以当它展开双翅飞翔时，羽毛如同晚霞一般。

朱鹮对野生生态环境的要求比较高，它们休息时会选择高大的乔木，而觅食时会去水田或溪流附近找一些“自助餐”，毕竟那里有它们爱吃的“美食”，比如田螺、泥鳅、小鱼、青蛙、蝗虫等。它们白天觅食，晚上休息，生活比较规律。

朱鹮的性格比较孤僻，它们并不会一大群聚集在一起，而是单独或成对或小群活动；它们也比较怕人，频繁的人类活动也会让它们有压力。

中国朱鹮养成记

1981 年，在陕西洋县，我国科学工作者发现了数量仅为 7 只的朱鹮种群，当时，这种一度被认为已经灭绝的鸟儿的发现震惊了世界。后来，这 7 只朱鹮被称为“秦岭七君子”，也是当时世界上唯一的野生朱鹮群。

1986 年，陕西朱鹮保护观察站成立，当地开始了有计划的朱鹮保护和拯救工作；2001 年，陕西朱鹮自然保护区成立；2005 年，陕西汉中朱鹮国家级自然保护区成立。

朱鹮想要繁育下去，就需要成年朱鹮能够产卵，而卵又能成功繁育出小朱鹮，此后小朱鹮还要能够健康地成长……只有将这个良性循环延续下去，朱鹮种群的发展才有希望。所以，到了朱鹮要产卵的时候，中国保护区的工作人员都万分紧张。为了让朱鹮能够安心生产，也为让小朱鹮能够健康地从蛋里孵出来，工作人员在那段时间都要待在山上，日复一日、夜以继日地保护着朱鹮不受天敌的侵扰。

朱鹮宝宝破壳后，就在父母建造的巢穴里，等待喂食。朱鹮宝宝身上的羽毛是灰色的，没有父母那种朝霞一般的色彩。它们很

多时候对这个世界充满好奇，又不会飞，吃饱了就晃动着身体去看窝外面的风景。在巢穴里，它们受到父母的保护，而在更大的家——保护区中，它们也接受着保护区工作人员的守护。

朱鹮的繁殖期在每年的2—5月，它们1月下旬来到繁殖地，2月求偶、配对、筑巢，3—4月产卵孵化，5月雏鸟出生。等小朱鹮长大后就会离巢，开始属于它们自己的新的人生旅程。

截至2022年，生活在中国的朱鹮的数量已经超过7000只，从7到7000，这个数字的变化就是中国拯救野生动物的一个奇迹。

《朱鹮的遗言》

朱鹮曾被称为日本的国鸟，后来灭绝，朱鹮在日本灭绝的故事，被写成了书，书中都是对其在日本消失的惋惜。这本书叫作《朱鹮的遗言》，1999年，作者小林照幸因这本书获得了第三十回“大宅壮一非虚构文学奖”。让我们来读一段书中的内容：

宇治六十五岁，个头一百八十厘米，有一副结实强壮的身板，是一个矍铄的老头。务农的同时，他还担任真野町公民馆的副馆长。虽然海军给人的印象是威严，但喜欢鸟类的宇治却温和客气，在小小的真野町广为人知。因为身材高大，连小朋友都能叫出他的名字，算得上町里的名人。这位名人与朱鹮交好，更是被町里的人津津乐道。

（宇治是第一个能用手给朱鹮喂食的人，这多亏了他的性格。他自称是鸟的用人，估计这番好意感染了朱鹮。）

宇治素来温和，与朱鹮待在一起，显得格外和蔼可亲。

“像这样，每天跟朱鹮待在一起，特别快乐。所以，我发自内心地愿意照顾它。‘朱鹮子’就像是我的孩子。”

不清楚这只朱鹮的雌雄，宇治管它叫“朱鹮子”。宇治没有子女，在他眼里，开心进食的朱鹮既是儿子也是女儿。春雄拍下了几张温情的画面。朱鹮子毫不在意快门的声音，始终留在宇治身边。

就在这个时候，宇治叹息道：“我最近常常想，这样的日子要是能一直持续下去该有多好。”

宇治已接到命令，捕获这只朱鹮，并且必须尽快完成。但是，朱鹮子越是信任自己，越是毫无防备地接近自己，他就越是动不了手。当时是1968年1月上旬。

……

宇治嘀咕了一声，右手取出泥鳅，放到左手掌上，然后，双手合拢。泥鳅就在两只手掌的正中间。朱鹮子毫无戒备，向前一步，把喙伸向宇治的手心，正要啄泥鳅。

（就是现在！）

宇治分开双手，如同拥抱一般把朱鹮子紧紧抱住。不，也许那就是拥抱。时间是5点20分。

与朱鹮子相处的126天，“捕获”成为最后一幕。

宇治站起身，他得通知教育委员会。这是他一生中最狼狈的站相。“咵啊。”朱鹮子只发出一声低沉的鸣叫，毫无逃跑的迹象。宇治心中，强烈的自责和悔恨如浪潮般袭来，化作泪水，夺眶而出。

“我是世界上最可耻的叛徒。”

——《朱鹮的遗言》［日］小林照幸著，王新译

大雁——空中旅行家

在季节的变换中，大雁展翅飞翔，它们南来北往的身影，装点着辽远空阔的天空。

有趣的雁阵

中国的古诗词里有很多描写大雁的诗句，比如，唐代诗人王维写道："单车欲问边，属国过居延。征蓬出汉塞，归雁入胡天。"宋代文学家范仲淹写道："塞下秋来风景异，衡阳雁去无留意。四面边声连角起，千嶂里，长烟落日孤城闭。"宋代女词人李清照也写道："红藕香残玉簟秋。轻解罗裳，独上兰舟。云中谁寄锦书来，雁字回时，月满西楼。"

在这些诗词里，为什么会说"归雁""雁去""雁字回时"呢？因为大雁是一种候鸟。候鸟是一种随着四季的变化，因为生活环境温度的不同，在每年都要进行迁徙的鸟。这种迁徙是为了确保种群能够在更加适宜生存的温度和环境下进行繁衍。

大雁在飞行的过程中，有一个十分有意思的现象，那就是它们会“排队”，这也被称为“雁阵”。

一般大雁迁徙队伍的数量不定，或者十几只，或者几十只，或者几百只甚至更多，既有小队伍，也有大队伍。大雁在空中的队伍会随时变化，有的时候它们排成一个“人”字，有的时候会排成一个“一”字。无论队伍怎么变化，总会有一只领头的大雁。这只大雁在最前方，带领着大家往前飞。据说，雁阵是为了保证雁群的持续飞行能力，排在第一位的领头雁遭遇的气流是最大的，雁阵队伍越往后，成员遇到的气流就越小，这样飞行较为省力。为了缓解领头雁的疲劳，它们会时常更换队形和领头雁。

大雁的群体生活

大雁是一种集体意识很强的动物，它们出现时都成群结队。而大雁的迁徙一般都在黄昏或夜晚，在途中，它们会选择湖泊等大型水域休憩，吃一些鱼、虾、水草，补充体力。

雁群的警惕意识很强。比如，大雁休息觅食的时候，总会有一只经验丰富的老雁为休憩的雁群放哨，以防天敌侵害，一旦发现隐患或危险，放哨的大雁一声鸣叫，雁群就集体起飞逃离。

而雁群之间却十分友爱。在雁群之中，幼鸟、体弱的成员等也会被

保护起来，它们往往身处雁群的队伍中间，既不用像领头雁那样领航，也不用像尾雁那样有敌侵隐患。

那么，在雁群之中，这些成员又是怎么交流的呢？

中国有一个成语叫作“雁过留声”，指的是把名声留在身后，不过，从字面意思能看出一些大雁的习性，那就是当它们在天上飞行时，会发出“咿昂、咿昂”的鸣叫声。雁群之间就是通过这种声音来传递信息，比如，什么时候该落地休息了，什么时候该重新出发了，什么时候该调整雁群飞行位置了，等等。

“六礼”：用大雁做礼物

在中国的古人看来，大雁象征着忠贞。据说，这是因为大雁是一种十分专情的鸟儿，如果两只中的一只死去了，那么留下来的那一只也不会独活。所以，大雁备受古人推崇。

忠贞的大雁也是古代婚嫁礼之一。古代婚嫁的流程十分复杂，讲究“六礼”，大致是纳采、问名、纳吉、纳征、请期、亲迎。

简单来说，“纳采”就是男方为了表达自己求娶女方的诚意，在女方有意婚嫁的情况下，聘请媒人携带礼物正式向女方求婚的礼仪。“问名”就是男方会写一封书信，托媒人问问女孩子的名字和生辰八字。之后男方就会让人占卜吉凶，看两个人八字是否相合，以后能不能和睦相处。合适的话，男方就要与女方开始商议订婚事宜，这个阶段是“吉卜而纳之”，就叫作“纳吉”。然后，男方就要向女方家里送聘礼，聘礼的多少没有一定量，一般是根据双方的社会地位、财力来安排，此时就叫作“纳征”。女方家收了聘礼，男方就要“请期”，开始商议迎娶新娘的具体时间。一般会由男方卜算一个好日期，写好送给女方家，女方家开始通知亲朋邻里。最后一个流程就是“亲迎”，新郎亲自迎娶新娘子。

在这个复杂的结婚过程中，很多流程都需要送礼物，礼物中就要有大雁。因为大雁是忠贞的象征，也是对未来夫妇的祝福。

奇怪的蝙蝠

飞行的动物中，海鸥总给人一种在海上悠闲度日的感觉；喜鹊在窗外叫的时候让人心生愉悦；火烈鸟一群群地停在湖边，满眼粉红色让人快乐……大多数长着翅膀的动物朋友们，都享受着天空和阳光。不过，有一种动物，它长着翅膀，却不是鸟类，也不去享受温暖的阳光，它就是蝙蝠。

神奇的回声定位能力

蝙蝠的外表十分奇特，它长着翅膀，能够在天上飞，不过，它的翅膀像是一层膜，没有一根羽毛；蝙蝠从脸到四肢都很特别，看起来有些像狗，又有些像老鼠。这种长相奇怪的动物长着一双圆溜溜的大眼睛，不过，它们并不是靠眼睛发现猎物，而是靠嘴巴和耳朵。

蝙蝠是夜行动物，它在晚上觅食。飞行过程中，它会张开嘴发出一种超声脉冲，这种超声脉冲一旦遇到障碍物就会反弹回去，而蝙蝠的耳朵接收到反弹回来的超声脉冲就知道前面有东西，从而调整飞行路线。这就是“回声定位”。

蝙蝠：洞穴居民

世界各地有上千种蝙蝠，其中许多品种都会将洞穴作为自己的栖息地。

蝙蝠对自己的“住所”有十分严格的要求。一年之中，一只蝙蝠可能会在许多不同的栖息地之间定期迁徙，它们不是“随机入住”，而是会精挑细选以满足季节变化的需求。

以菊头蝠为例，它从幼年就开始“找房子”，它的要求中最重要的一点就是温度。

夏季的时候，蝙蝠妈妈还在哺育小蝙蝠，它们既要使自己保持较高的体温，也要为小蝙蝠维持适宜温度，这时，蝙蝠妈妈所选栖息地的理想温度约为 30℃。

到了秋季，菊头蝠的哺乳群已经解散，小蝙蝠会留在原栖息地，而成年蝙蝠会前往偏冷地区。原栖息地也变得越来越冷，留在原栖息地里的小蝙蝠会逐渐变得麻木迟钝（保持精神警觉的状态会让小蝙蝠耗费更多能量），以此来减少能耗，抵御严寒，而它们的体温也会逐渐下降到十几摄氏度。

到了冬季，菊头蝠开始进入休眠期，它们两周左右醒来一次，醒来时代谢率会上升，体温会相应升到约 35℃。这时，如果蝙蝠发现栖息地温度不合适，它们会选择飞走并寻找新栖息地。

直到次年 4 月，环境温度上升，蝙蝠的休眠期临近结束，它们开始在夜晚进食，并选择凉爽的地方作为栖息地。

东西方文化中的蝙蝠

蝙蝠在不同文化中有着不同的形象。在西方世界里，吸血鬼的原型就是吸血蝙蝠，所以，我们可以看到西方塑造的吸血鬼形象几乎就是拟人化的蝙蝠。

吸血鬼在白天的时候会睡在一点阳光都看不见的地方，这就像蝙蝠一样。蝙蝠很少在白天出没，大多数蝙蝠白天时都倒挂在洞穴里面睡觉。吸血鬼还长着一双尖耳朵和一口獠牙，这也和蝙蝠的形象相似。吸血鬼身上的黑色斗篷，其实就代表着蝙蝠身上一层膜似的翅膀。吸血鬼只会在夜晚出没，而且喜欢喝血，这也是由蝙蝠的习性而来。

不过，蝙蝠中的吸血蝙蝠品种数量很少，大多数蝙蝠都是以小虫子、水果为食。比如，果蝠就拥有特别典型的蝙蝠的长相，如果不看翅膀的话，它的模样更接近一只黑色的小狗。果蝠的主要食物就是水果或者花蜜一类。

在中国文化中，蝙蝠的形象就没有那么恐怖了。因为蝙蝠会捕食害虫，是一种有益的动物；而且，蝙蝠名字中的“蝠”和“福”同音，象征着吉祥如意，所以，在中国传统文化中，蝙蝠是正面的动物形象。如果我们去看很多老式建筑和刺绣作品，就会发现都有蝙蝠的形象。尤其是蝙蝠还会和竹子、菊花、桃子等文化元素一同出现，有着平安吉祥、福禄寿喜等寓意。

夜莺：天生好歌手

有一种鸟儿，没有孔雀那样鲜亮的羽毛，也没有雄鹰那样傲人的身姿。但是，它有一点是其他鸟类无法比的，就是它有天籁一般的歌喉。

它就是夜莺。

夜莺：晚间歌唱家

夜莺，在文学作品中指歌鸲一类叫声清脆婉转的鸟，在现实中一般指的是歌鸲属中的新疆歌鸲。夜莺歌声动听且持续不断，人们甚至在晚上也能听到它的鸣叫声。夜莺的长相非常朴素，浑身长着棕褐色的羽毛。它的个头也不大，小小的一只，可以轻易地站立在人类手掌中。我们很难想象，它竟然可以发出那么响亮动听的鸣叫声。

夜莺的音域非常广，从低音到高音，它都可以十分轻松地进行吟唱和转化。夜莺的歌声从开始到结束会有十几种不同的音调，而它的鸣叫声甚至可以传到方圆1千米的范围。于是夜莺被写进了很多故事里，以一种歌喉嘹亮诱人的形象出现。

《夜莺》

你大概知道，在中国，皇帝是一个中国人；他周围的人也是中国人。这故事是许多年以前发生的；但是正因为这个缘故，在人们没有忘记它以前，它值得听一听。这皇帝的宫殿是世界上最华丽的，完全用细致的瓷砖砌成，价值非常高，不过非常脆薄，如果你想摸摸它，你必须万分当心。人们在御花园里可以看到世界上最珍奇的花儿。那些最名贵的花上都系着银铃，好使得走过的人一听到铃声就不得不注意这些花儿。是的，皇帝花园里的一切的东西都布置得非常精巧。花园是那么大，连园丁都不知道它的尽头是在什么地方。如果一个人不停地向前走，他可以碰到一个茂盛的树林，里面有很高的树，还有很

深的湖。这树林一直伸展到蔚蓝色的、深沉的海那儿去。巨大的船只可以在树枝底下航行。树林里住着一只夜莺。它歌唱得非常美妙，连一个忙碌的穷苦渔夫，在夜间出去收网的时候，一听到这夜莺，也不得不停下来欣赏一下。

“我的天，唱得多么美啊！”他说。但是他不得不去做他的工作，所以只好把这鸟儿忘掉。不过第二天晚上，这鸟儿又唱起来了。渔夫听到它的时候，不禁又同样地说：“我的天，唱得多么美啊！”

世界各国的旅行家都到这位皇帝的首都来，欣赏这座皇城、宫殿和花园。不过当他们听到夜莺的时候，他们都说：“这是最美的东西！”

这些旅行家回到本国以后，就谈论着这件事情。于是许多学者就写了大量关于皇城、宫殿和花园的书籍。但是他们也没有忘记掉这只夜莺，而且还把它的地位放得最高。那些会写诗的人还写了许多最美丽的诗篇，歌颂这只住在深海旁边树林里的夜莺。

（节选）［丹麦］安徒生著，叶君健译

夜莺的“撞脸”“撞名”鸟

鸟类中有甜美歌声的“歌手”不在少数，除了夜莺，还有金丝雀、云雀、画眉、相思鸟等。这些鸟类中有的和夜莺“撞脸”，有的和它“撞名”。

夜莺就曾被误认为画眉。确实，两者乍看之下有些相似，都是褐色飞羽，而且都是“鸟中歌唱家”，如果只是远观的话，的确有可能混淆。

但是，单纯从外形来看的话，两者有一个显著区别，那就是相对于夜莺，画眉的眼周有一圈长条形的、轮廓分明的白色眼环，如同一道白眉。

相思鸟有“中国夜莺”之称，这个称号和夜莺很容易混淆。

不过，两者从外观上就可以区分开来，因为和羽色朴素的夜莺不同，相思鸟的羽色十分绚丽多彩。如红嘴相思鸟就是喙部鲜红色，头顶橄榄色，耳羽浅灰色或橄榄灰色，颈部和腹部金黄色，胸羽橙黄色，羽毛色彩丰富，体态玲珑可爱。

第 2 章

地下·巡逻者

土壤里的虫虫们

见识了天空中和地面上充满趣味的世界，我们不由得惊叹大自然的神奇。但是，别忘了，还有另一个有趣的世界，那就是地下王国。那里和地面上的世界一样，也有无数的生灵，它们或大或小，有各种形态。地下王国是一个比我们想象中要热闹的地方。

蚂蚁王国

住在地下的小家伙，最常见的就是蚂蚁了。

蚂蚁喜欢干燥的环境，所以对湿度相当敏感。有时候下雨之前，空气湿度会有变化，蚁穴开始变得潮湿，蚂蚁就会搬到相对干燥的地方去。这就是为什么有时候我们看到蚂蚁搬家，不久就会下雨。

但是，蚂蚁搬家和下雨并没有必然联系。因为蚂蚁在食物短缺、蚁穴受到威胁时也会搬家。

有时候我们会看到一群蚂蚁排成纵队出行觅食，蚂蚁这种“排队”出行的习性是因为它们的腹部能够分泌一种“气味追踪素”，走在前面的蚂蚁腹部时不时地紧贴地面，分泌出追踪素，后面的蚂蚁就跟着追踪素前行。同时，追踪素也是蚂蚁们回家的“路标”。

过着群居生活的蚂蚁，不仅一起搬家、觅食，还一起建筑蚁穴。

在地下世界中，蚂蚁是了不起的建筑大师，它们在地下的住所并不是一个大洞穴，而是有各种各样功能的“房间”和通道。那些通道纵横交错，秩序井然。

其实，蚂蚁和蜜蜂有些像，一是它们都是群体性动物，都是一大群生活在一起，形成一个小小的王国；二是蚂蚁王国里也有蚁后。蚁后和蜂后一样，主要的任务就是产更多的卵。

在蚂蚁王国中，活跃的都是雌性蚂蚁，而雄性蚂蚁在交配后不久就会死去。雌性蚂蚁中，除了蚁后，其他的主要是工蚁，工蚁主要负责各种劳动。年轻的工蚁负责照顾蚁后，并照料后代长大成年。它们还会参与到其他事物中，比如修复蚁穴等。年老的工蚁则更多从事蚁穴外的劳动，比如放哨、战斗、觅食等。

蚂蚁，数量庞大又能保持井然有序，从这一点来说，真是一件了不起的事情。

虽然一只蚂蚁十分微小，力量有限，但当蚂蚁达到一个惊人数量的时候，它们就能够做出让人类也感到吃惊的事情。

比如，在亚马孙河流域有一种“行军蚁”。从名字就可以知道，这种蚂蚁居无定所，并不会像普通蚂蚁那样在固定的地方建造复杂的蚁穴。它们都是在移动中完成各种活动，包括休息、觅食等。当行军蚁在行进过程中遇到水流阻碍，它们会相互交叠组成一个球状，然后翻滚到河对岸。如果水流宽阔的话，它们就会搭成“蚁桥”让同伴通过。有些行军蚁会在这个过程中死亡，不过它们选择用部分个体的牺牲换取族群生存。

背着壳的小蜗牛

说完了蚂蚁，我们再来看看蜗牛。

蜗牛是一种软体动物，普通蜗牛生活在陆地上，喜欢潮湿的环境；也有生活在溪流、湖泊中的蜗牛，如水蜗牛。蜗牛还有亲戚生活在海洋里，如海蛞蝓。

蜗牛最明显的特征就是它的蜗牛壳，蜗牛壳就是蜗牛的“房子”。和经常“换房子”的寄居蟹（寄居蟹会把别的贝类的壳，以及瓶盖一类的小东西背在自己身上充当“房子”）不同，蜗牛壳属于蜗牛自产。

蜗牛身上有一层外套膜，这层外套膜能分泌一种物质，这种物质最终会长成坚硬的外壳。

蜗牛还有一个显著特征，就是它长长的触角。当我们用手轻轻碰触蜗牛的触角时，它就会往回缩，等过一会儿，蜗牛觉得没问题了，触角就又伸出来了。

这对触角对蜗牛来说非常重要，因为它既是蜗牛的“眼睛”，也是蜗牛的“鼻子”，还是蜗牛的“舌头”。为什么这么说呢？

在蜗牛触角的顶端，有一个小黑点，这个小黑点就是蜗牛的眼睛，不过，这样的眼睛只能让蜗牛大致看清光线明暗，而无法看清环境的具体细节。所以蜗牛就靠着这对触角来感知气味和味道。

有趣的是，蜗牛的这对触角要是不小心受损了，它还可以继续长出来。

世界上有很多种类的蜗牛，有一些甚至可以当作人类的食物，并且很受当地人喜欢。比如，法国就有法式焗蜗牛。

看！这是蚯蚓

在一片湿润、有植被的土地上，我们不仅能发现蜗牛，要是仔细探索的话，还有可能发现蚯蚓。

蚯蚓，是一种环节动物。环节动物的特征就是身体纤长而柔软，由若干环节（连接身体的、能够伸缩的环状结构）构成，身体表面有角质膜。从身体结构来看，它的头部、胸部、腹部不是很好区分。环节动物的内部构造是肠子直且长，前端为口腔，后端为肛门。

蚯蚓的身体呈圆管状，十分柔软，甚至可以环成一个圈。在蚯蚓的环节表皮上还有许多细毛，这种细毛叫作“刚毛”，蚯蚓就是靠着这些刚毛来移动。

蚯蚓生活在土壤之中，喜欢潮湿阴暗的地方。人如果常年生活在湿润的环境下会不舒服，但是，这种环境是蚯蚓的最爱。这和蚯蚓的呼吸方式有关。

很多动物都靠着鼻腔、鳃部、肺部等来呼吸，但是，蚯蚓是靠皮肤呼吸。它必须时刻保持皮肤的湿润，才可以呼吸氧气。如果在太阳底下暴晒过久，蚯蚓就有死亡的危险。

蚯蚓对土壤有非常重要的作用。因为蚯蚓的食谱中包含动物粪便、食物残渣、腐败植物等，这些东西被蚯蚓吃下去以后，经过它的消化分解，能够生成钙的化合物，而这种钙的化合物对于植物来说是很好的养分。

这样看来，如果有一个菜园子，你也会喜欢蚯蚓的。

鼹鼠的故事

地下的世界是黑暗的，却不代表它是宁静的。这里也是各种各样的动物们的家。你瞧，这里还有小鼹鼠呢！

鼹鼠的地下生活

在亚欧大陆和北美洲的地下生活着一种有趣的小家伙——鼹鼠，它们堪称地下挖掘机，因为它们如铲子一般的上肢十分有力，适于掘土。

它们常年生活在地下，这里没有什么光线，它们的眼睛已经退化到几乎什么也看不见了。鼹鼠挖掘隧道是为了更好地捕食，它们一般吃一些蠕虫或昆虫幼虫等。

鼹鼠的种类很多，除了生活在亚欧一带的鼹鼠，在非洲还生活着一种金鼹鼠，它和亚欧鼹鼠很像，只不过尾巴几乎看不见。

金鼹鼠能够在沙漠里生活，有力的如同铲子一样的爪子能够让它们刨开沙子并在其中“穿梭”。

在澳大利亚则生活着一种袋鼹，顾名思义，它就像澳大利亚的“特产”袋鼠一样也长着一个育儿袋，袋鼹宝宝就生活在育儿袋里。

就这三种鼹鼠而言，生活在亚欧的鼹鼠和生活在非洲的金鼹鼠的亲缘关系要更近一些。其实，三者还有一个共同点，那就是它们的祖先都不擅长掘地，而现在它们都擅长在地下打洞，这可能是因为趋同演化的结果，也就是说它们的祖先虽然不同，但因为类似的生活方式，它们整体或部分形态、习性等在演化过程中越来越相似。

那些长相奇特的鼹鼠

除了我们之前提到的三种，其实还有很多其他类型的鼹鼠，其中不乏一些长相奇特的类型。

比如，有一种鼹鼠叫作“星鼻鼹”，因其长有状如星芒的鼻子而得名。有趣的是，星鼻鼹的鼻子并不是嗅觉器官，而是触觉器官。

星鼻鼹的鼻尖上有22只触手，每只触手都覆盖着一种叫作“埃米尔氏器”的微小感受器。所以，星鼻鼹的鼻子虽然是感觉系统，但在构造和行为上和其他哺乳动物的视觉系统有相似点。

也就是说，星鼻鼹是用自己的鼻子来“看”这个世界的。

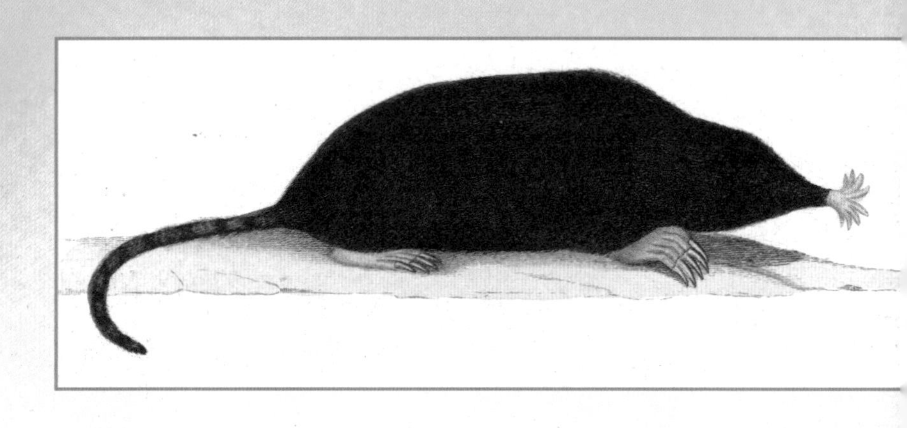

还有一种鼹鼠也长得非常奇怪，它就是“裸鼹鼠”。从它的名字就可以想象它的长相，它的确是“裸”着。它肉色的皮肤就直接暴露在空气中，两颗长长的门牙暴露在嘴前。可以说，裸鼹鼠的长相并不在大多数人的审美范围内。

懒散的挖隧道能手

不管生活在哪里，鼹鼠的生活方式都比较简单——挖隧道、筑巢、繁衍。对于生活在地底的鼹鼠来说，舒适的隧道是鼹鼠的安乐窝。

我们前面提到过，在鼹鼠挖洞的时候，它们长着坚硬锋利的指甲的粗壮前肢，能像铲子一样帮它们挖开身前的土壤。它们甚至还多进化出了一根大拇指用来强化自己的前肢挖掘能力。

不过，挖隧道毕竟是一个体力活儿，而鼹鼠其实并没有那么勤快。一般在安定的情况下，鼹鼠会待在已经挖好的洞穴里，而不是勤快地“建新房子”。

有时候，鼹鼠也有可能“勤快地”挖多了隧道，一不小心挖到邻居家，两只鼹鼠狭路相逢后有可能会打上一架。

动画片《鼹鼠的故事》

《鼹鼠的故事》是一个系列动画片，里面的鼹鼠和现实中的鼹鼠差不多，有着圆圆的脑袋、又宽又扁的手掌，不同的是，动画片中的鼹鼠有一双明亮的大眼睛。它高兴的时候会“咯咯咯”地笑起来，不高兴的时候会“呦呦呦”地哭起来。它的生活中发生的一切，充满了童真，那里的花草，还有它的动物朋友们，都显得那么温暖和可爱，一个个有趣的故事就是在这样的氛围中展开的。

画出这只鼹鼠的作者来自捷克斯洛伐克，名叫兹德涅克·米勒。

据说，米勒创作出这个小鼹鼠的形象，是因为他走在路上的时候被一个鼹鼠挖的洞给绊倒了。

从此以后，这只小鼹鼠就成了很多人的童年记忆。这只鼹鼠其实就是一个孩子的形象，对周围充满了好奇，脑子里有很多奇妙的想法，会做一些其他人无法理解却很有意思的事情，而发生在它身上的故事也非常有趣。

无论是可爱的鼹鼠也好，或者是不讨喜的鼹鼠也罢，这个住在地下的小家伙，化身为各种故事里的淘气鬼，大大地丰富了我们的童年生活。

蛇类观察记

无论是细如拇指一样的小蛇，还是和成年人腰一般粗的蟒蛇，在大多数人心目中并不讨喜。人类对蛇的恐惧，似乎被深深地铭刻在基因里。

“冷血”捕猎手

蛇的身体都覆盖着鳞片。不同品种的蛇的体色也会有所不同。比如，亚洲太阳蛇在阳光下会呈现彩虹一样的颜色，而南美黑筒蛇则是黑红相间的体色，绿玉树蟒主要是绿色夹杂白色饰纹。

蛇的眼睛上并不是可活动的眼睑，而是透明的圆膜。蛇的身上没有附肢，靠着身体肌肉蜿蜒前行。

在蛇的身体内部，每一节椎骨都有一对肋骨、肌肉群和源自神经节的神经。蛇的椎骨数量区别还是很大的，有一种已经灭绝的蛇据说有565节椎骨。

目前的蛇类品种中多数是无毒或毒性小的蛇。而毒蛇的毒牙一般长在上颌前端，毒牙可释放毒液。

作为冷血动物的蛇，既有令人生畏的外表，又是一个出色的捕猎手。

因为蛇并没有用于撕裂和咀嚼猎物的牙齿，所以它的进食方式主要是将猎物缠绕绞杀后再进行吞咽。比如，生活在中美洲、南美洲一带的巨蚺，其体长范围在 1 米到 4 米。这种巨蚺的缠绞能力就比较强，甚至可以缠绞一些体型比较大的哺乳动物。

蛇蜕皮：旧衣换新衣

我们都知道，蛇的全身都包裹着鳞片，这些鳞片叫作“角质鳞”，是由皮肤最外面一层角质层所变，用来防止蛇皮的水分蒸发和来自外界的磨损。不过，蛇鳞外层的角质层是死细胞，无法随着它的生长而变化，所以它就会想办法蜕去这层角质鳞，这就是蛇蜕皮的原理。而蜕皮后产生的新角质鳞刚好可以适应长大的身体。

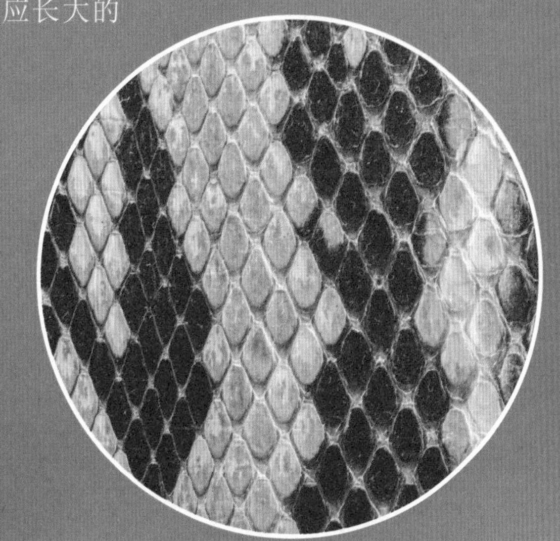

蛇蜕皮的时候，一般都会选一些粗糙的地方，如树干、瓦砖等地，通过不断摩擦身体来把“旧衣服”蹭下来，一般蛇蜕皮是从头开始，直至尾部。

在陆地上“游泳”

从物种演化的角度来看，蛇、蜥蜴一类爬行动物由两栖动物演化而来，而两栖动物又由鱼类演化而来。而鱼类祖先在水中通过脊椎左右摇摆的行进方式，其实也体现在了蛇的身上，蛇在地面上的“S”形水平弯曲的行进方式很像在陆地上“游泳”。

蛇的这种行进方式，主要运用于粗糙的接触面（比如瓦砾、地面、粗糙墙壁等），通过反作用力推动蛇身前进，这种行进方式能够节省蛇在爬行过程中的体力消耗。

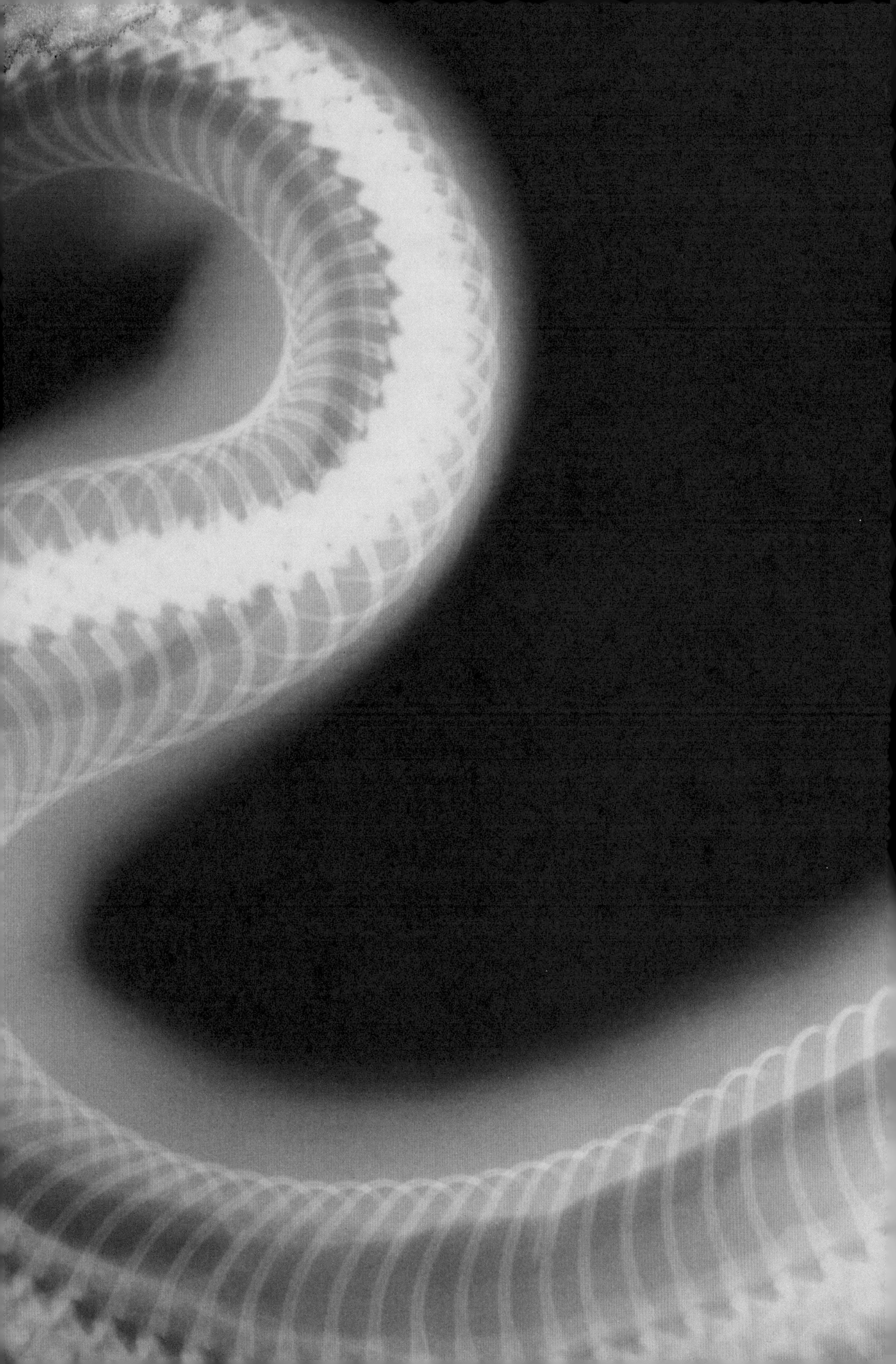

图书在版编目（CIP）数据

天空地底妙想国 /《让孩子看懂世界》编写组编著.
—北京：石油工业出版社，2023.2
（让孩子看懂世界的动物故事）
ISBN 978-7-5183-5681-2

Ⅰ.①天… Ⅱ.①让… Ⅲ.①鸟类—青少年读物
Ⅳ.①Q959.7-49

中国版本图书馆CIP数据核字（2022）第186489号

天空地底妙想国
《让孩子看懂世界》编写组　编著

出版发行：石油工业出版社
（北京市朝阳区安华里2区1号楼　100011）
网　　址：www. petropub. com
编 辑 部：（010）64523616　64523609
图书营销中心：（010）64523633
经　　销：全国新华书店
印　　刷：三河市嘉科万达彩色印刷有限公司

2023年2月第1版　　2023年2月第1次印刷
787毫米×1092毫米　开本：1/16　印张：3.5
字数：30千字

定价：30.00元